Prof. Maral Jalili

Foggy Night

Prof. Maral Jalili

Foggy Night

A collection of short stories

JustFiction Edition

Publisher:
JustFiction! Edition
is a trademark of
Dodo Books Indian Ocean Ltd. and OmniScriptum S.R.L publishing group

120 High Road, East Finchley, London, N2 9ED, United Kingdom
Str. Armeneasca 28/1, office 1, Chisinau MD-2012, Republic of Moldova, Europe
Printed at: see last page
ISBN: 978-620-0-10644-5

Contents

فهرست

عنوان: شب مه‌آلود

نویسنده: فرنگیس جلیلی (مارال)

مترجم: ابراهیم حسن‌پور

ویراستار فنی: ابراهیم حسن‌پور

سطح مخاطب: دانشجویان آزفا (آموزش فارسی به غیرفارسی زبانان) و عموم مردم

قیمت: ۶.۹۹ یورو

Title: Foggy night
Author: Farangis Jalili (Maral)
Translator: Ebrahim Hassanpour
Technical editor: Ebrahim Hassanpour
cover design, Layout: Samira Kalateh
Printing date:
Circulation:
Printing and binding:
Level: Azfa students (teaching Farsi to non-Persian speakers) and the general public
Price: 6.99 EUR

Introduction

When you like a story that takes you to its maze of mystery and takes you away from where you are, the author has become the guest of your heart while you are not aware. He sits anonymous and quiet to your consolation so gently and softly lest he cracks the fragile porcelain of your solitude. He comes to take the sadness away from your heart. And by opening the hearts of his heroes, he will cross your loneliness and calm your turmoil.

Even if a writer does not receive appraising or encouragement for his work, he comes to help you by pushing back what hurts you, reducing your grief, and making your vision more beautiful, clear, and realistic, and where he can moderate the daily fatigue and cure the futility of false pleasures that lead to the dire state of mind. This idea has always inspired thousands of writers worldwide and me in writing.

May you feel happy in your heart, and may sorrows be far away from you!

مقدمه

و آن هنگام که نوشته‌ای بر دلتان می‌نشیند و داستانی شما را در هزار توی پر رمز و رازش با خود می‌برد و از آن حال و جایی که هستید دورتان می‌کند، نویسنده بی‌آنکه بدانید مهمان خانه دلتان شده، ناشناس و آرام به دلجویی‌تان می‌نشیند؛ چنان آهسته و نرم که چینی تنهایی‌تان را نشکند. آمده تا غم دل ببرد و با گستردن سفره‌ی دل قهرمانانش، تنهایی‌تان را خط بزند و آشفتگی‌تان را آرام کند.

حتی اگر حاصل عمر یک نویسنده مدال و تشویق نباشد، می‌آید که با پس زدن آنچه می‌آزاردتان دست یاری دهد، غمتان را بکاهد و نگاهتان را زیبابین، شفاف و واقع‌بین‌تر سازد، تا آنجا که می‌تواند روزمرگی‌ها را تعدیل کند، و احساس بیهودگی و خوشی‌های کاذب را که منجر به سادیسم و مازوخیسم می‌شود، به درمان بنشیند.

این اندیشه همیشه مشوق من و هزاران نویسنده در سراسر جهان در نویسندگی بوده و خواهد بود. خانه دلتان آباد و غم‌هاتان دور باد!

Happiness

In the rush of events, sometimes memories are lost, and sometimes in the rush of memories, events; and sometimes, due to their mixing, such a storm arises that you get lost in it.

The hall had high windows in the North and East directions, tall altar frames and stained glass, which evoked the traditional Persian atmosphere at first sight. Round tables of six, eight, and twelve white chairs and green velvet tablecloths with high French satin gave it a magnificent effect. To the bride's taste, the tables were decorated with golden candles and vases full of white roses, pearls, and tiny flowers. Large, patterned bronze chandeliers with eighteen branches at all four tables had a dazzling glow. Servants in white and green uniforms were coming and hosting the guests. Everything was in perfection.

The hairstylist wanted to renew Shadi's pink blush, which she opposed. With a few strands in her eyelashes, her eyes had become the unique diamond in the world, taunting her emerald set.

The astonishment of all that beauty could be seen in the eyes of all guests. Shadi did not know anyone as if they were all and there was no one. He smiled at everyone and greeted them by shaking her head. She sat down on a chair. She ran her long, slender fingers over the petals of a white rose. It was as if someone was stroking her hand. Although everyone was watching, she moved the flower in the vase obsessively.

در ازدحام حوادث، گاه خاطره‌ها گم می‌شوند و گاه در ازدحام خاطره‌ها حوادث؛ و گاه نیز از در آمیختنشان چنان طوفانی به پا می‌شود که تو در آن گم می‌شوی.

سالن پنجره‌های بلندی در جهت‌های شمالی و شرقی داشت؛ در قاب‌های بلند محرابی و شیشه‌های رنگی که فضای سنتی ایرانی را در اولین نگاه تداعی می‌کرد. میزهای شش، هشت و دوازده‌نفره‌ی گرد با صندلی‌های سفید، روکش‌های مخمل سبزرنگ و رومیزی‌هایی با ساتن اعلای فرانسوی جلوه‌ای باشکوه به آن می‌بخشید. بنا به سلیقه عروس، میزها با شمع‌های طلایی و گلدان‌هایی مملو از رز سفید، مروارید، و گل‌های ریز عروس تزئین شده بود. لوسترهای بزرگ و پر نقش‌ونگار برنزی هیجده شاخه به فاصله‌ی هر چهار میز تلالؤیی خیره‌کننده داشت. خدمتکاران در یونیفرم‌های سفید و سبزشان مدام در رفت‌وآمد و پذیرایی از میهمان‌ها بودند. همه چیز بی‌نقص و کامل بود.

آرایشگر خواست رژ صورتی شادی را تجدید کند که با مخالفت او مواجه شد. با چند تار که به مژه‌هایش افزوده بودند، چشمانش به درخشان‌ترین الماس جهان تبدیل شده بود که به سرویس زمردش طعنه می‌زد.

حیرت از آن همه زیبایی را می‌شد در نگاه میهمانان پیر و جوان به وضوح دید. شادی کسی را نمی‌شناخت؛ گویی همه بودند و کسی نبود. با لبخند به همه نگاه می‌کرد و با تکان دادن سر احوال‌پرسی می‌کرد. بر روی صندلی نشست. انگشتان کشیده و باریکش را بر روی گلبرگ‌های رز سفید کشید. گویی کسی دستش را به مهر نوازش می‌کرد. بی‌اعتنا به اینکه زیر تیغ نگاه همه بود از سر وسواس هنر گل‌آرایی دو شاخه گل را در گلدان جابه‌جا کرد.

Some were arranging their makeup and evaluating other guests' clothes and hairstyles. Except at first glance, they no longer paid attention to the bride. Not that they did not want to, they felt they were short on time to check on others and be entertained. Regardless of this or that, men and children were eating sweets and fruits.

Everything was going well. It was as if the earth and time were immersed in mere oblivion so that this stillness and peace would not be disturbed. Shahram's mother approached Shadi and, while admiring her, softly asked:

- Where is Shahram? He does not answer his phone!

Shahram's name made Shadi cry. She screamed and lost consciousness. She was hardly brought to consciousness. She explained unclearly and inexpressively with his head, hands, and tongue-tied movements. Within minutes, the wedding disbanded, and the music stopped. Compassion and surprise had now taken the place of admiration and astonishment in everyone's eyes.

She was taken from both sides and dragged away. The long skirt of the bride's white dress was pulled on the red carpet for distances. She thought; What a glorious funeral. She stepped back for a moment. She recognized the photographer. It was strange that she did not know anyone there except him. She did not even know Shahram's mother at first sight. She heard every single sentence of that man; It was as if his words were playing through a microphone in her head.

She got in a black Ford that was not decorated. It was like a time machine that took her back to the past: not so long ago. She could see everything. More than seeing, she was there herself. A smile never left her lips even when Shahram was not there, thinking about Shahram, the loving words he said to her, and the memory of his kind look taking her to the heavens. They were all similar, from the unity of the first letter of their name to their beauty and charm. They were like two peas in a pod. The level of families was almost the same. It would not matter to their love if they were not the same.

عده‌ای در حالِ مرتب کردن آرایش خود و چندوچون لباس و مدل موی میهمانان دیگر بودند. جز در نگاه اول، دیگر توجهی به عروس نداشتند. نه اینکه نخواهند، احساس می‌کردند برای لذت کامل بردن از عروسی فرصت کافی نخواهند داشت. مردان و کودکان بدون توجه به چگونگی هر چیز و هر کس مشغول خوردن شیرینی و میوه بودند.

همه چیز خوب پیش می‌رفت. گویی زمین و زمان برای لحظاتی در فراموشی محض غوطه‌ور شده بود. مادر شهرام به شادی نزدیک شد و در حالی که او را تحسین می‌کرد به‌نرمی پرسید:

– شهرام رو ندیدم. جواب نمی‌ده!

نام شهرام بغض او را باز نکرد، پاره کرد. با صدای بلند ضجه زد و از هوش رفت. او را به سختی به هوش آوردند. با حرکات سرودست و زبان بندآمده نامفهوم و گنگ توضیح می‌داد. در عرض چند دقیقه مجلس به‌هم ریخت. موسیقی قطع شد. اکنون دیگر ترحم و تعجب جای تحسین و تعجب را در نگاه همه گرفته بود.

او را از دو سو گرفته کشان‌کشان می‌بردند. دامنه‌ی بلند لباس سفید عروس بر روی فرش قرمز از پی او کشیده می‌شد. شادی نگاهی به دنباله‌ی بلند لباسش کرد و با خود اندیشید: «چه تشیع باشکوهی!» همهمه‌ی عجیبی در انتهای سالن پیچید. لحظه‌ای به عقب برگشت. مرد عکاس را شناخت. عجیب بود که کسی دیگر را در آنجا نمی‌شناخت. حتی مادر شهرام را در نگاه اول نشناخته بود. تک‌تک جمله‌های آن مرد را می‌شنید؛ گویی حرف‌هایش جمله‌به‌جمله با میکروفونی در کاسه سر او پخش می‌شد.

سوار یک فورد مشکی بدون تزیین شد. گویی ماشین زمان بود و او را به گذشته برمی‌گرداند: گذشته‌ای نه چندان دور. همه چیز را می‌دید. بیش از دیدن، او خود در صحنه بود. لبخند از لبانش دور نمی‌شد حتی وقتی شهرام نبود. فکرش، جملات عاشقانه و یاد نگاه مهربانش او را به آسمان‌ها می‌برد. عرش را سیر می‌کرد. از یکی بودن اول اسمشان تا زیبایی و ملاحت‌های مثال‌زدنیشان مصداق ضرب‌المثل «مثل سیبی که از وسط به دو نیم شده باشند» بودند. سطح خانواده‌ها تقریبا همسان بود. اگر هم نبود، در برابر عشق و شیدایی آنان نمی‌توانست مطرح باشد.

Two lovers studying law at the University of Tehran were getting closer and closer to the last days of their final semester. There was intense and hidden anxiety in the trembling of their hands, the rapid beating of their hearts, and their unwarranted anger and constant haste.

Bright green eyes, white skin, long blond hair, and a dignified, polite, and aristocratic demeanor showed families' well-being and constant care.

Everything went on in its beauty and simplicity. It was as if a secret power was doing things. It was full of grace everywhere. Things that generally required a lot of effort were quickly done in the shortest time.

Shadi thought that if Shahram could coordinate photography today, almost no significant work would be left.

Shahram drove Shadi to "Matilda" dress house. He must go to the photography studio in the central and crowded neighborhood of the city. Shadi, as she puts it, had miraculously found this photography studio. She sits in the subway next to a girl named Sayeh, which whom she had been friends on the phone for four months. Sayeh, who had a camera and an album, gets her address by seeing her beautiful artistic photos.

Shahram entered the studio. The studio was located a few steps down from the first floor and below a real estate agency. He went down the narrow, dark stairs of the studio. The central courtyard of the studio was decorated with almost old-fashioned decorations and seemed beige, brown, and very ordinary. He was surprised by Shadi's choice. After five minutes, the green canvas curtain was removed, and a slender, black girl, while her head was bent over because of the weight of the curtain, came out. The girl named Sayeh could not take her eyes off Shahram when she saw his attractiveness and charm. When Shahram was facing the Sayeh behind the table, the smell of sweat remained for a few days and, combined with different perfumes, made him nauseous. But to maintain politeness, he continued to speak openly with her.

دو کبوتر عاشق حقوق دانشگاه تهران، به روزهای پایانی ترم آخرشان نزدیک می‌شدند. نگرانی شدید و پنهان در لرزش دست‌هایشان، در تپش تند قلب‌هایشان و در عصبانیت‌های بی‌جا و عجله‌ی مدامشان موج می‌زد.

چشم‌های سبز روشن، پوست سفید، موهای بور، قامت کشیده و باریک، و رفتارهای موقر و مودب و اشرافی‌مآبشان نشان از رفاه و مراقبت مدام خانواده‌ها می‌داد.

همه چیز در نهایت زیبایی و سادگی خود پیش می‌رفت. دستی در کار بود. لطف از زمین و آسمان می‌بارید. کارهایی که در حال عادی نیاز به دوندگی زیاد داشت، در کوتاه‌ترین زمان و به‌سادگی انجام می‌شد.

شادی با خود اندیشید: اگر شهرام بتواند امروز کارهای عکاسی را هماهنگ کند، تقریبا دیگر کار عمده‌ی انجام‌نشده باقی نمی‌ماند.

شهرام، شادی را در مقابل مزون "ماتیلدا" پیاده کرد؛ باید در محله‌ی مرکزی و شلوغ شهر به عکاسی برود. این عکاسی را شادی به قول خودش به طور معجزه‌آسا پیدا کرده بود. در مترو کنار دختری به نام سایه که دوربین و آلبومی داشته می‌نشیند و با دیدن عکس‌های هنری و زیبای او آدرسش را می‌گیرد که چهار ماهی می‌شد با او دوست تلفنی بود.

شهرام وارد آتلیه شد. آتلیه چند پله پایین‌تر از طبقه اول و زیر یک آژانس املاک قرار داشت. از پله‌های تنگ و تاریک عکاسی پایین رفت. دکوراسیون تقریبا کهنه، کرم-قهوه‌ای و بسیار معمولی محوطه اصلی عکاسی را تزیین می‌کرد. از انتخاب شادی تعجب کرد. پس از پنج دقیقه پرده برزنتی سبز رنگ کنار رفت و دختری سیاه چرده و لاغر اندام که سرش از سنگینی پرده‌ی افتاده بر گردنش خم شده بود، بیرون آمد. دختر که سایه نام داشت، با دیدن شهرام چنان محو زیبایی و جذبه‌ی او شد که نمی‌توانست چشم از او بردارد. وقتی شهرام پشت میز، روبه‌روی سایه، قرار گرفت، بوی عرق چند روزه و ترکیب‌شده با ادکلن‌های متفاوت او را به حالت تهوع نزدیک کرد. اما برای حفظ ادب همچنان با روی گشاده با او صحبت می‌کرد.

The large young man with perfectly curly hair and thick eyebrows came down the stairs and called Sayeh, the name that Shahram had forgotten. Ignoring his presence, he entered the dark house and said:

- Sayeh! The wedding scheduled for tomorrow at four o'clock is in disarray, preparing the advance payment to return.

- Okay, in whose name?

- Kian Salari.

With Saman's arrival, the mood and tone of the Sayeh changed, and Shahram was amazed by her acting and thought that maybe Shadi also had this skill. He shook hands with Saman, who stood in front of him. Sayeh, while showing himself to be indifferent to Shahram and was busy arranging the items in the shop window, said: this is Shahram, Shadi's fiancé that I told you about before.

- Oh, how are you?

And squeezed his hand, which he still held, more.

- Welcome, I will be back!

And he went to the darkroom again. Sayeh, who had noticed Shahram was surprised, approached him and said with the flirtations that showed her high fascination:

- Sorry, Saman is so obsessed that I cannot talk to anyone easily.

Shahram was feeling suffocated. He paid the advance payment. He wanted to get out of there sooner. As he was leaving, Sayeh reached him on the second step and said in a low voice:

- Visit tomorrow for a single photo. Be here at four o'clock at the latest!

Then continued with a louder voice:

- I'll take pictures of Shadi in the beauty salon. We must work on the face. The photo board for the wedding must be ready.

The autumn weather gave him a sense of being alive and brought him back to being worried about small things. He parked the car in front of the dress house. Shadi came out with the first ring bell. While she was rubbing her hands with happiness, she said:

جوان درشت اندامی با موهای کاملا فر و ابروهایی پرپشت از پله پایین آمد و سایه را به نام صدا کرد. بی‌توجه به حضور او وارد تاریک‌خانه شد و گفت:

– سایه!... عروسی فردا ساعت چهار بهم خورده... پیش‌پرداخت رو برای برگردوندن آماده کن.

– باشه... به نام کی؟

– کیان سالاری.

شهرام که با آمدن سامان از تغییر حالت و لحن صدای سایه و هنرپیشگی او حیرت کرده بود، به اینکه مبادا شادی هم این مهارت را داشته باشد اندیشید. با سامان که مقابل او قرار گرفت، دست داد. سایه در حالی که خود را بی‌اعتنا به شهرام نشان می‌داد، مشغول مرتب کردن وسایل داخل ویترین شد و گفت:

– آقا شهرام نامزد شادی جون که تعریف کرده بودم.

– آها، خوبید؟ و دست او را که هنوز در دست داشت بیشتر فشرد.

– خوش اومدید، بفرمایید! فعلاً با اجازه... خدمت می‌رسم!

و دوباره به تاریک‌خانه رفت. سایه که متوجه تعجب او شده بود، به شهرام نزدیک شد و با عشوه‌هایی که نشان از خودشیفتگی بالایش داشت گفت:

– ببخشید! سامان اونقدر حساس و حسوده که نمی‌تونم راحت با کسی حرف بزنم.

شهرام کم‌کم احساس خفگی می‌کرد. پیش‌پرداخت را داد. دلش می‌خواست زودتر از آنجا فرار کند. هنگام خارج شدن سایه بر روی پله دوم خودش را به او رساند و با صدای آهسته گفت:

– فردا برای عکس تکی تشریف بیارید. حداکثر ساعت چهار اینجا باشید.

و بعد با صدای بلندتری ادامه داد:

– از شادی جون تو آرایشگاه عکس می‌گیرم. باید رو چهره کار کنیم. تابلو عکس برای تالار باید آماده باشه.

هوای پاییزی، حس زنده بودن و دلشـــوره‌ی کارهای کوچکِ ملنده را دوباره به او بازگردلند. مقلبل مزون اتومبیل را پارک کرد. شادی با اولین تک‌زنگ بیرون آمد. در حالی که دست‌هایش را از خوشحالی به هم می‌سایید گفت:

- Shahram, everything went great!

- I want to see it too!

While spoiling himself for Shadi, he pressed his thumb and forefinger together and begged:

- Just a little look!

- No, you must wait until the day after tomorrow; there is only a day and a half left!

- So, let's have a hot drink!

- I'm in!

They were both thinking about the same thing, simultaneously filling their hearts with joy. This feature was their seal of love for them. It goes far beyond saying and hearing the phrase "I love you." Shahram, while holding Shadi's hands and looking into her eyes that had no concentration on the intensity of planning, said:

- Shadi, you have good taste, but...

- So what? You want to say why did I fall in love with you?

- You idiot! No...! The choice of photographer and photography studio was not appropriate at all.

Drinking her coffee with great pleasure, she said:

- Honey, the important thing is to take good pictures. I want all these colors to be just as vivid and natural.

Thinking about Shadi's words and seeing their pictures in the autumn background, Shahram stared at the steam rising from his coffee cup.

Shadi was moving around restlessly. She had never felt her heartbeat so clearly. Her hands were frozen, and her legs were shaking. They brought her a glass of water.

They arranged to break the norm, and Shahram was to come alone to take her. Her makeup had been done an hour earlier. She tried to inform Shahram but remembered when Shahram was in the floristry, and he said his phone was about to turn off.

– عالی شده شهرام... عالی!

– نمی‌شد منم ببینم!

در حالی که خودش را برای شادی لوس می‌کرد، انگشت شصت و اشاره‌اش را بهم چسباند و با التماس گفت:

– یه کوچولو!

– نه! پس‌فردا! تا پس‌فردا صبر کن! همش یه روز و نصفی!

– پس بریم یه نوشیدنی داغ؟

– آی گفتی!

از اینکه هر دو همزمان به یک چیز فکر کردند، خوشحالی قلبشان را پر کرد. این ویژگی برایشان حکم مُهرِ دوستت دارم را داشت؛ بسیار فراتر از گفتن و شنیدن جمله‌ی "دوستت دارم". شهرام در حالی که دست‌های شادی را گرفته بود و در چشمان او که هیچ تمرکزی از شدت برنامه‌ریزی نداشت خیره شده بود، گفت:

– راستی شادی... بگو ببینم... تو با این همه خوش‌سلیقگی...

– خب؟ چرا تو را انتخاب کردم؟

– ای بدجنس! نه انتخاب عکاس و عکاسیت اصلا جالب نبود.

شادی در حالی که با لذت بسیار قهوه‌اش را سر می‌کشید، گفت:

– عزیزم مهم عکسامونه که خوب بشه. دلم می‌خواد تمام این رنگ‌ها همین طور زنده و طبیعی بیوفته.

شهرام که به حرف‌های شادی فکر می‌کرد و عکس‌هایشان را در پس‌زمینه پاییزی می‌دید، به بخاری که از فنجان قهوه اش برمی‌خواست، خیره مانده بود.

شادی آرام و قرار نداشت. ضربان تند قلبش را تا به حال با این وضوح حس نکرده بود. دستهایش یخ کرده بود و پاهایش می‌لرزید. برایش آب قند آوردند. قرار داشتند سنت شکنی کنند و شهرام به تنهایی بی‌هیچ همراهی برای بردن او بیاید. اما آرایش او یک ساعت زودتر تمام شده بود. باید به شهرام خبر بدهد. اما به یاد آورد که شهرام در گل‌فروشی گفته بود شارژ ندارم. موبایلش خاموش بود.

The beauty salon was crowdy. Two more brides arrived. The hairstylist waited for her to say goodbye, although she could have been a living model. She does not remember ever being in such a situation. She could not bear to sit and wait in the crowd. An idea came to her mind. She wrote a note to the beauty salon owner and called a taxi to the photography studio. She thought Shahram would get angry after realizing that he had come with all his love to take her and that she had not waited.

- There we are, sir!

When he got out of the taxi, everyone in the area was fascinated by her. They whistled and cheered for her. She paid for the cab and walked cautiously down the stairs. But it was closed. She thought:

- How stupid I am, they must go to the beauty salon. Why didn't I call Sayeh before coming? If I call my father, it will take him at least an hour to get here in this traffic jam.

She called Sayeh. Her phone was off. She sat down on the stairs helplessly with a lump in her throat. She did not cry so as not to spoil her makeup.

Even though people watched her, she sat there in silence and spitefully for fifteen minutes. It was as if she could not think clearly. She heard a familiar voice:

- Hi! Why are you sitting here? I am Saman. Without waiting for her answer, he helped her get up the stairs. Opened the door. For all her helplessness, Shadi was hesitant to trust him. Without noticing her coming or not, Saman pulled back the curtain of the darkroom, and both saw that terrible scene.

Shadi ran to the street with his tongue tied; got into the first taxi that stopped. She could not answer the driver's question about the destination. She just gave him the wedding hall card.

سالن آرایش آن روز شلوغتر از معمول بود. دو عروس دیگر وارد شدند. آرایشگر با زبان نگاه منتظر خداحافظی او بود؛ گرچه برایش مدل زنده‌ی تبلیغ به حساب می‌آمد. به یاد نمی‌آورد تا به حال در چنین شرایطی قرار گرفته باشد. طاقت نشستن و انتظار کشیدن در آن شلوغی را نداشت. فکری به ذهنش رسید. یاداشتی نوشت و به سالن‌دار داد و برای رفتن به آتیلیه تاکسی گرفت. به عصبانیت شهرام فکر می‌کرد، از اینکه با آن همه هیجان به دنبال او بیاید و ببیند او بی‌خبر رفته و منتظر نشده است.

– همینجاست آقا!

با پیاده شدنش، همه کسانی که در آن حوالی بودند، محو تماشا شده و برایش سوت و هورا می‌کشیدند. پول تاکسی را پرداخت و از پله‌های عکاسی با احتیاط پایین رفت. اما در بسته بود. فکر کرد:

– چه حماقتی کردم، حتما رفتن آرایشگاه. چرا به سایه زنگ نزدم؟ به بابا زنگ بزنم، حداقل تو این ترافیک یک ساعت طول می‌کشه تا اینجا برسه.

به سایه زنگ زد. خاموش بود. با درماندگی تمام بر روی پله‌ها نشست. بغض راه گلویش را گرفته بود. برای خراب نشدن آرایشش مجبور بود گریه نکند. با وجود مردم تماشاگر پانزده دقیقه‌ایی همانجا در بغض و سکوت نشست. گویی فکرش از کار افتاده بود. صدایی آشنا شنید:

– عروس خانوم چرا اینجا نشستید؟ من سامان هستم.

بدون اینکه منتظر پاسخ او شود، کمک کرد از روی پله‌ها بلند شود. در را باز کرد. شادی با همه‌ی درماندگی‌اش در اعتماد کردن به او دو دل بود. سامان بی‌آنکه به آمدن یا نیامدن او توجهی کند، پرده اتاق تاریک را کنار زد و هر دو آنچه که نباید ببینند را دیدند.

شادی در حالی که زبانش بند آمده بود، خودش را به خیابان رساند. سوار تاکسی که کنار پایش توقف کرد شد. راننده مقصد را پرسید؛ نتوانست جواب بدهد؛ فقط کارت سالن را به او داد.

Lost

گمشدہ

On October twelve, 2001, it was cloudy. Although it had rained relentlessly for the past few days, it seemed to be raining again. Forough was still a few steps away from the house when she stopped, thinking that she might not have brought the key or should get help from whom?

They had been here for a year, and a few months later, her husband had a stroke in his sleep and died. The young widow did not associate with anyone other than the neighbors. Although seemingly normal to her, these small forgetfulnesses and obsessions gradually became a new problem among her many troubles. She started searching in her bag. Combs, mirrors, wallets, tissues, and a few bills came out to pay them. Found the key. She took a deep breath. Although she was not more than forty-five years old, her hair had turned white earlier than usual, and the makeup artist of the time had given her more time to grieve her face than her peers.

The wrinkles under her eyes and the two deep lines between her eyebrows, which had passed through the tragic events, came together many times during the day and remained the same until an hour later, and she seemed gloomier than what was shown.

She wore brown leather gloves and closed the bag. Although she did not look rich in her cream coat, brown leather bag, and shoes, she looked stylish and dignified due to her fitness and well-tailored clothes.

بیست و یکم مهر سال هشتاد، هوا ابری بود. با اینکه در چند روز گذشته باران بی امان باریده بود، باز هوای باریدن داشت. فروغ هنوز چند قدمی‌از خانه دور نشده بود که مکث کرد؛ شاید کلید را نیاورده باشد. باید از که کمک بگیرد؟ این فراموشی کوچک و وسواس‌ها، گرچه به نظرش دیگر عادی شده بود اما کم کم در میان دردسرهای متعددش داشت دردسر تازه‌ای می‌شد. شروع به جستجوی کیفش کرد. شانه، آینه، کیف پول، دستمال کاغذی و چند قبض که برای پرداخت آنها بیرون آمده بود. کلید را پیدا کرد. نفس راحتی کشید.

یک سالی بود که به این محل آمده بودند. چند ماه بعد همسرش در خواب سکته کرد و او را تنها گذاشت. بیوه‌ی جوان جز چند سلام‌وعلیک ساده با همسایه‌ها، حشرونشر دیگری نداشت. گرچه سنش چهل و پنج بیشتر نبود، اما برف پیری زودتر از معمول بر روی موهایش نشسته بود و دست گریمور غم‌ها چهره‌اش را بیشتر از همسن‌وسالانش برای پیری پرداخته بود. چروک‌های زیر چشمانش و دو خط عمیق در میان ابروانش، که از گذر حوادث تلخ گذشته، در طول روز بارها به هم می‌آمدند و تا ساعتی به همان حال می‌ماندند و او را عبوس و غم‌دارتر از آنچه بود، نشان می‌دادند.

دستکش‌های چرم قهوه‌ای رنگش را به دست کرد. در کیف را بست. با پالتوی کرم و کیف و کفش قهوه‌ای چرمش، گرچه او را زن ثروتمندی به‌نظر نمی‌آمد، اما به دلیل تناسب اندام و خوش‌دوختی لباس بسیار شیک و متشخص دیده می‌شد.

She had to cross the eastern side of Arghavan Street, which she avoided safely and efficiently so that she did not see the young addict whose gaze was heartbreaking for her. She was careful to pass cautiously through the small and large potholes that had formed on the old asphalt of the street. She passed several similar houses with guard terraces.

Now she had to pass by the addicted young man. It was the first time she had come so close to him. A tall, broad-chest young man, crumpled in himself, was looking at her. There was no begging to take anything in his eyes. He had large black eyes and long eyelashes. He was the most beautiful young man that Renaissance painters certainly did not miss; cute and good-looking, but colorless, a shaded image.

Her heart trembled at all the beauty and misery of the young man. She bent down to pick up the keys as the contents of her bag spread over the damp pavement. The young man and woman bent down to gather the bag's contents. The first was picked up by Forough, the second by the young man, and to pick up the third object, both hands went forward at the same time and were placed on top of each other. He picked up the thing with an unlikely speed from the young man and gave it to Forough. Old photo of a woman with a three-year-old boy.

- Photo of my only son Majid! He was three years old. One summer day, he was robbed from the yard. I was in the room. A beggar knocked on the door and asked for water. I went to get water when I came back...

Forough was about to cry.

- My child was a genius. He was special. I wish him success if he is alive; otherwise, I do not want him to be alive. She was both upset and relieved by what she said. She said the final sentence ironically so that the young man would be ashamed of being vermin.

The young man was looking at her openly from up to down. Hollow eyes beneath his long crescent moon eyebrows, prominent cheeks, and beautiful pink lips whose redness and vivid skin had faded under the scorching sun.

برای عبور ایمن‌تر باید از ضلع شرقی خیابان ارغوان می‌گذشت که از آن پرهیز داشت تا جوان معتادی را که نگاهش او را دگرگون می‌کرد نبیند. از چاله‌های کوچک‌وبزرگ آب‌گرفته که در سطح آسفالت قدیمی‌خیابان به‌وجود آمده بودند با احتیاط عبور کرد. از کنار چند خانه‌ی همشکل، که تراس‌های محافظدار داشتند، گذشت.

اکنون باید از کنار جوان معتاد بگذرد. اولین بار بود که تا این حد به او نزدیک شده بود. جوان سیاه شده‌ی بلندقامت و چهارشانه‌ای که مچاله در خود، او را می‌نگریست. هیچ التماسی برای گرفتن چیزی در نگاهش نبود. چشمان سیاه درشت و مژگان بلند برگشته‌ای داشت. زیباترین جوانی بود که نقاشان رنسانس از مدل کردنش به طور حتم نمی‌گذشتند. خوش‌قامت و خوش‌چهره، اما بی‌رنگ، یک تصویر سایه‌خورده ...

قلبش از آن همه زیبایی و بیچاره‌گی جوان لرزید. بی‌اختیار به سوی او رفت. کیف پولش را بیرون آورد، کلیدهایش به زمین افتاد. خم شد کلیدها را بردارد که محتویات کیفش بر سنگفرش نمناک پیاده‌رو پخش شد. جوان همزمان با زن برای جمع کردن محتویات کیفش خم شد. اولی را فروغ برداشت. دومی را جوان به دستش داد؛ برای برداشتن شی سوم دست هر دو همزمان پیش رفت و بر روی هم قرار گرفت. جوان با سرعتی غیرمنتظره عکس را برداشت و برگرداند؛ یک عکس قدیمی از فروغ به همراه پسر بچه‌ای سه‌ساله.

– عکس تنها پسرم... مجید. سه سالش بود. یه روز تابستون از حیاط خونه دزدیدن. من تو اتاق بودم. گدایی در زد. آب خواست. رفتم آب بیارم؛ وقتی برگشتم...

فروغ در مرز گریه بود.

– بچه‌م خیلی باهوش بود. خاص بود. آرزو می‌کنم اگر زنده است برای خودش کسی شده باشه وگرنه زنده نمونه. از حرفی که زد هم رنجید و هم دلش آرام شد. جمله‌ی پایانی را کنایه‌وار گفته بود تا جوان از انگل جامعه بودن خود شرم کند.

جوان آشـــکارا او را می‌کاوید با چشـــمان به‌گود نشـــســـته در زیر ابروان هلالی بلند، گونه‌های برجسته، و لبانی رنگ‌پریده.

Forough hurriedly took the photo of the young man. She walked a few steps and came back again. She had forgotten to give him the ten tomans banknote. The young man hid what he was holding when he saw Forough. Forough noticed. But she did not say anything and thought about what she had in her bag... did not remember. She was upset about recalling her son's memories and did not want to think about it anymore.

The next day, as she moved the hot sesame Sangak bread in her hand, she noticed a crowd gathered on the street. She got herself there. The young man had died in the cold last night. He was covered when she arrived. The city ambulance service arrived and put him in the ambulance. Crowds dispersed like ants as quickly as they gathered.

Among the young man's dirty clothes and blankets that the sweeper was sweeping towards the trash can, Forough's eyes fell on the photo of himself and his son, which was in the young man's hands yesterday. She took the picture. She just realized what the young man was hiding when she returned. She felt sorry for him. Unable to forget the young man's gaze, she returned home in tears. She blamed herself for teasing him.

She placed the chilled bread on the table and obsessively cleaned the photo to put in her bag. But the picture was there. She recalled looking at a photo album on the day of Majid's abduction, and they had two of these photos. But she had never thought about where the second photo was. At the same time, she looked at the pictures several times a day.

- My dear son! My Majid!

She shouted and fell down the ground.

فروغ با عجله عکس را از جوان گرفت و به‌راه افتاد. چند قدمی‌نرفته بود که برگشـت. فراموش کرده بود اسکناس تاخورده در دسـتش را به او بدهد. جوان با دیدن فروغ چیزی را که در دست داشت پنهان کرد. فروغ متوجه شـد. اما به روی خود نیاورد و اندیشـید در کیفش چه داشـته... به یاد نیاورد. از یادآوری خاطرات پسرکش آشفته‌تر از آن شده بود که بخواهد در این باره بیشتر بیندیشد.

فردای آن روز وقتی سنگک داغ پرکنجد را در دستش جابه‌جا می‌کرد، متوجه‌ی همهمه‌ی جمعیتی شد که سـر خیابان جمع شـده بودند. خودش را به آنجا رسـاند. جوان در سـرمای دیشـب مرده بود. رویش را ملافه کشـیده بودند. آمبولانس شـهرداری از راه رسید. جمعیت مانند مورچه‌ها با همان سـرعت که جمع شده بودند پراکنده شدند.

در میان لباس و پتوی سـیاه و چرکین جوان که سـوپور محل به سـمت سطل زباله جارو می‌زد، چشـم فروغ به عکس خودش و پسرش افتاد. عکس را برداشت. تازه فهمید که جوان با برگشتن او چه چیزی را پنهان می‌کرد. دلش عجیب برای او سـوخت. در حالی که نمی‌توانسـت نگاه جوان را فراموش کند، اشک‌ریزان به خانه برگشت. خودش را سرزنش می‌کرد که چرا دیروز به او طعنه زده بود.

نان سـردشـده را روی میز گذاشت. با وسـواسـی خاص عکس را پاک کرد تا در کیفش بگذارد، اما از همان عکس داخل کیفش داشـت با دیدن این دو عکس به یاد آورد روز دزدیده شـدن مجید، در حال تماشـای آلبوم عکس‌ها بودند و از این عکس دوتا شـبیه هم داشـتند. اما تا به حال به اینکه عکس دوم کجاست فکر نکرده بود؛ در حالی که هر روز کارش چند بار تماشای عکس‌ها بود.

– پسرم! مادر! وای مجیدم!

فریادی از عمق وجودش برآورد و نقش بر زمین شد.

Beyond Panic

فراسوی وحشت

- I wish my brother Arash were here. Arash, who was hard to bear at home for a second. But now, he seemed like an unattainable savior.

- It was Zohreh's blame...if she did not confabulate much, I had to interrupt her.

Parvin, with a not-so-long forehead, thick black eyelashes, and a wellshaped nose that fitted her face, with her praiseworthy sobriety and self-confidence, was trusted by friends and acquaintances. She was very etiquette and unable to say no, which was why most of her troubles.

She felt that the street was getting narrower on both sides. Light quickly gave way to darkness. Both sides of the road were unprotected and barren lands. The terrifying lightning of the wolves' eyes blinked through the trees and got closer every moment.

She could not say 'no' and come sooner this time too. The cold wind blowing in her face added to her fear. She did not know how she came from Razeqi town to here. It was as if her mind was numb. In this snowy weather, the intertwined trees on both sides of the road made. the environment even scarier.

Suddenly three shadows got closer. Two young boys and a teenager. Her heart filled with the light of hope, and a smile settled on her face, but her hopes vanished as quickly as they had come with their loud drunken laughter and the words she could hear now. The blood in her veins froze with everystep they took toward her. It was as if she was immersed in infinite space.

– **کاش** برادرم آرش اینجا بود. آرشی که در خانه یه ثانیه تحملش را نداشتم.

در حال حاضر به نظرم یک منجی دست‌نیافتنی می آمد.

– اگر زهره آنقدر درد دل نمی‌کرد...تقصیر اونه... باید حرفشو قطع می‌کردم.

پروین با پیشانی نه چندان بلند، مژه‌هایی پرپشت و سیاه، بینی خوش‌فرم نشسته در ترکیب متناسب صورتش، با متانت و اعتماد به نفسی که داشت نقطه‌ی اتکا و اعتماد دوست و آشنا قرار می‌گرفت. بسیار مبادی آداب بود و ناتوان در «نه» گفتن و همین ویژگی دلیل اغلب دردسرهایش بود.

احساس کرد که خیابان از دو طرف در حال به‌هم آمدن و تنگ‌تر شدن است. روشنایی به سرعت جای خود را به تاریکی داد. هر دو سوی جاده تا چشم کار می‌کرد زمین‌های لم یزرع بود و بی‌حفاظ. برق هراس‌انگیز چشم گرگ‌ها از لابه‌لای درختان روشن و خاموش می‌شد و هر لحظه نزدیک‌تر.

سوز سرمایی که به صورتش می‌خورد، بر ترسش می‌افزود. از شهرک «رازقی» تا اینجا چطور آمده بود را نمی‌دانست. گویی ذهنش در حال کرخت شدن بود. درختان به هم آمده‌ی دو سوی جاده در آن هوای برفی، محیط را ترسناک‌تر می‌کردند.

ناگهان سه سیاهی نزدیک‌تر شدند. دو پسر جوان و یک نوجوان. نور امیدی بر جانش تابید. لبخندی بر پهنای صورتش نشست، اما با خنده‌های مست و بلند آنها و حرف‌های زشتی که اکنون به وضوح می‌شنید، امید و لبخند با همان سرعت که ظاهر شده بودند، محو شدند. با هر قدمی که به سوی او بر می‌داشتند، خون در رگهایش منجمد می‌شد. گویی در فضای لایتناهی غوطه‌ور بود.

Her heart was freezing. She had no power to escape. It was as if heaven and earth met. Shortness of breath, little oxygen, her lungs were rupturing. With the sound of their laughter and whistling, she felt that the parts of her being would disintegrate out of fear.

She sought refuge in God with all her might. Involuntarily, he called Imam Hassan inside her heart, and she was surprised; Why did she choose him out of fourteen! As is the custom of all Shiites, she did not know she did not call the Imams: Imam Ali, Imam Hussein, Hazrat Abbas, and Imam Zaman. Her body was numbed. Her limbs were paralyzed one by one.

Those young men were a few steps away from her. She could feel their presence but could no longer recognize their voices. She accepted death and closed her eyes.

- She just heard: guys, run, Imam Hassan's group is here.

The special patrol of the area, called Imam Hassan Group, had been formed for several years due to the town's location in a remote area. A group of young volunteers formed and were active to prevent similar incidents, independent of any government force.

Parvin did not understand how he got into the car. She could not answer their question. She was unconscious. But she saw everything.

قلبش در حال یخ زدن بود. توانی برای گریز نداشت. گویی آسمان و زمین به هم رسیدند. تنگی نفس، کمی اکسیژن، ریه‌هایش در حال پاره شدن بودند. با صدای خنده و سوت آنان، از ترس حس کرد اجزای وجودش از هم متلاشی خواهد شد.

با تمام توان به خدا پناه برد. بی‌اختیار صدا زد:

- یا امام حسن !

تعجب کرد. نمی‌دانست چرا او را از میان چهارده تن برگزیده بود! طبق معمول همه شیعیان، امامان منجی علی، حسین، حضرت عباس و امام زمان را صدا نکرده بود. تنش کرخت شده بود. اعضای بدنش یکی یکی در حال فلج شدن بودند.

جوان‌ها در چند قدمی او بودند. سنگینی حضورشان را حس می‌کرد، اما دیگر صدایشان نامفهوم بود. مرگ را به جان خرید و چشمانش را بست. فقط شنید :

- بچه‌ها فرار کنید! گروه «امام حسن» اومد.

گروهی از جوانان داوطلب برای جلوگیری از چنین اتفاقاتی، مستقل از نیروی‌های دولتی، گروهی را تشکیل دادند و به فعالیت می‌پرداختند. پروین نفهمید چطور سوار شد. نمی‌توانست به سوال آنها پاسخ دهد. بیهوش بود. اما همه چیز را می‌دید.

Foggy Night

شب مه‌آلود

She wanted to be alone for a moment, crawl into her present and future memories, and wander in the grove of bitter thoughts. There was a lump in her throat.

They had been in this area for not so long. The air was foggy, and a cloud descended the stairs leading to a bazaar. The attraction of antiques made her ravish and drew her here. As she watched, she forgot the time. It was night when she came to her sense.

Shops were closed one after another. She went to the only open shop on the left, at the end of the street. An old man minded his own business, ignoring the passers-by and those watching him. She walked a long distance. It was strange for a young woman to be alone there at that time of night. The fear of pedestrians looking at her frightens her more than the darkness of night.

She continued her way. In this unfamiliar city, she did not know where she was going. It was on a broad street that ended in a large tailor shop. Like robots, young people cut and sewed without blinking for a long time. No one paid attention to her when she passed in front of it. Everyone was working hard.

She had to return, but she had lost her way home. There were stairs at the end of the mall that she did not know where the exit to the street or the second floor of the building. She went up the stairs; it was a big and long hall. No one was there to ask for directions.

می‌خواست لحظاتی در خود باشد و با خود؛ دو ساعتی زودتر سر قرار آمده بود. می‌خواست در بیشه‌ی افکار تلخش واغلت بزند. در گلویش بغض نفس‌گیری بود.

زمان زیادی نبود که به این شـــهر آمده بودند. هوا مه‌آلود بود و ابری از پله‌هایی که به یک بازارچه منتهی می‌شـد، پایین رفت. جاذبه‌ی اجناس عتیقه باز او را از خود بی‌خود کرد و به اینجا کشـاند. مشـغول تماشا که شد زمان را از یاد برد. به خود که آمد شب شده بود.

مغازه‌ها یکی پس از دیگری بسـته می‌شـد؛ به سـوی تنها مغازه باز سـمت چپ منتهی‌الیه خیابان رفت. پیرمردی بی‌توجه به عابران و تماشـاکنندگان سـر در کار خود داشـت. مسـافت زیادی را پیمود. تنها بودن یک زن جوان آن وقت شب در آنجا عجیب بود. نگاه عابرین بیشتر از تاریکی شب او را می‌ترساند. باید به سمت میدان اصلی برمی‌گشت. در خیابان عریضی بود که به یک تریکودوزی بزرگ ختم می‌شد. جوانانی که مانند ربات بی‌آنکه زمان زیادی پلک بزنند، می‌بریدند و می‌دوختند. وقتی از مقابل آنها گذشـــت، توجه هیچ کس به او جلب نشد.

انتظار در میدان بیهوده بود؛ به اطراف نگاه کرد؛ ظاهرا راه خانه را گم کرده بود. آدرســی در ذهن و به همراه خود نداشـت. سـمت راسـت میدان پاسـاژ بزرگی بود. در انتهای پاسـاژ پله‌هایی قرار داشـت که نمی‌دانسـت خروجی آن به خیابان بود یا به طبقه دوم سـاختمان. پله‌ها را طی کرد. سـالن بزرگ و طویلی بود. هیچ کس آنجا نبود که مسیر را بپرسد.

A half-open door was on the left side of the stairs. She enteredbed and serum, outpatients, or bedridden patients, with cold, soulless looks, like dying people. Everyone gathered around her. There was a commotion. She turned back to escape. Turning her head, she found herself among a group of women with blue wrinkled scarves and clothes. Most of their teeth were yellow and rotten. Terrified, she went to the door. She punched on closed doors.

With the her all strength, she reached the elevator, which had been hidden from her view until that moment. She thought she had found a way to escape. The middle-aged doctor, who had blue eyes and a bald head, accompanied by an old nurse with heavy makeup and blonde hair, with her muscular physique and a tight white robe, showing off her strength, cached her next to the elevator and grabbed her arms.

The young woman looked back from the look she felt behind her; Someone hid; She recognized and remembered the man from the shadow on the stairs. Three days ago, after all their documents were suddenly stolen from the house. Her husband's behavior changed completely. And she thought there were two reasons for this sudden change in his behavior: her husband suspected her, or he was involved in the theft. She remembered why she had left the house, and her husband had called her and said he had found a clue to the thief and asked her to see the shops in the mall. He will call her.

- Let me go, I lost my way, I swear to God, I'm not sick, I'm not crazy!

The doctor and the nurse said simultaneously:

- All our patients say so. let's go darling!

And they dragged her in. She remembered Romana, the protagonist of one of Gabriel Garcia Marquez's stories. Suddenly woke up; found herself in her room. She took a deep breath and realized the suffering that Romana had endured. She thought it was impossible to give a positive answer to the man who proposed to her, who was the insidious hero of his dream.

در سمت چپ پله‌ها، دری نیمه‌باز بود. داخل شد. تخت و سرم، مریض‌های سرپایی یا خوابیده با نگاه‌های سرد و بی‌روح، مانند افراد در حال احتضار. همه دور او جمع شدند. همهمه‌ای درگرفت. به عقب برگشت تا فرار کند. وقتی سر برگرداند خود را در میان عده‌ای زن یافت که روسری و لباس‌های آبی چروک داشتند. دندان‌های اغلب شان زرد و پوسیده بود. وحشت‌زده به سراغ درها رفت. با مشت به درهای بسته کوبید.

با آخرین توان مانده‌اش خود را به آسانسوری که تا به آن لحظه از نگاهش مخفی مانده بود رساند. فکر کرد راه فرار را یافته است. دکتر میان‌سال چشم‌آبی و طاسی با پرستار پیری که آرایش غلیظی کرده بود و موهای زرد داشت و بدن عضلانی‌اش از روپوش تنگ سفیدی که پوشید بود، قوی بودنش را به رخ می‌کشید. در کنار آسانسور خود را به او رساندند و بازوهای او را گرفتند.

زن جوان از نگاهی که پشت سرش حس کرد به عقب برگشت. کسی خود را مخفی کرد. از سایه‌ی افتاده بر دیوارِ پله‌ها مرد را شناخت. خواست با همه‌ی قدرت صدایش کند، اما اسمش را به یاد نمی‌آورد. سه روز پیش، با دزدیده شدن مدارکشان، رفتار همسرش عوض شد. او این تغییر رفتار ناگهانی، دو علت بیشتر نداشت: یا به او مشکوک شده است، یا باید دست خودش در کار باشد. دلیل بیرون آمدنش را به یاد آورد، به او زنگ زده بود که ردی از دزد را یافته و از او خواسته بود کمی در پاساژها به تماشا بپردازد و تا دو ساعت دیگر در میدان اصلی منتظر او باشد.

- ولم کنید! راهم را گم کردم... بخدا من مریض نیستم... من دیوانه نیستم!

دکتر و پرستار زن همزمان گفتند:

-همه‌ی مریض‌های ما اینو می‌گن. بیا بریم عزیزم!

و او را کشان‌کشان بردند. به یاد «رمانا» قهرمان یکی از داستان‌های گابریل گارسیا مارکز افتاد. ناگهان از خواب پرید. خود را در اتاقش دید. نفس راحتی کشید و به زجری که رمانا کشیده بود با همه‌ی وجود پی برد. با خود اندیشید که محال است به خواستگار امشب که قهرمان موذی خوابش بود، جواب مثبت بدهد.

Passenger

مسافر

On August 1, 1994, Borzoo opened his wallet and counted for the second time. He knew that the fare to Isfahan was more than thirty thousand tomans. He raised his hand in frustration for the red bus that was coming. The bus stopped a few meters ahead with a lot of dust that started hitting the brake. Exhausted, he made his way to the bus.

His leg hurt so much that he wanted to crawl instead of walk. With indescribable caution and apprehension, he had reached a place called Meymeh. He lost confidence in the drivers due to an accident on Qom-Qazvin Road. For this reason, every time he saw the slightest carelessness of the driver, he got out of the car by paying the fare and waited for a vehicle with a better driver. If one of his acquaintances had seen him, he could not have recognized that this turbulent, sunburned man was the famous and rich goldsmith of Ardestan.

The journey, which did not take more than four to five hours,took twelve hours, and the continuous boarding and disembarking had doubled his fatigue. He opened the bus door with difficulty. The driver's apprentice emptied his seat for him, and he went to the end of the bus to sleep.

The bus was moving so smoothly on the road that Borzoo felt that the bus was not moving. He had not yet thoroughly enjoyed that the driver overtook his front truck. Borzoo panicked, grabbed the arm of the chair, and sat up straight. He tried to control himself and dispel his fears. But he could not; he went to the door to get off. He remembered that he had no money left.

دهم مرداد سال ۱۳۷۳ بود. برزو کیف پولش را باز کرد و برای چندمین بار شمرد. می‌دانست که کرایه سواری‌ها تا اصفهان بیش از سی هزار تومن است. با ناامیدی برای اتوبوس قرمز رنگی که پیش می‌آمد دست بلند کرد. اتوبوس با گرد و خاک زیادی که با ترمز کردنش به‌راه انداخت، چند متر جلوتر ایستاد. با خستگی تمام خودش را به اتوبوس رساند.

از شدت پا درد، دلش می‌خواست بخزد. با احتیاط و دلهره‌ای وصف‌ناپذیر، خودش را تا به اینجا، شهر میمه، رسانده بود. به دلیل تصادفی که در جاده قم– قزوین داشتند، اعتمادش را به راننده‌ها از دست داد. به همین دلیل هر بار بعد از دیدن کوچکترین بی‌احتیاطی از راننده ، با پرداخت کرایه از اتومبیل پیاده می‌شد و به امید اتومبیلی با راننده بهتر کنار جاده منتظر می‌ایستاد. اگر آشنایی او را می‌دید نمی‌توانست بداند که این مرد آشفته‌ی آفتاب‌سوخته همان زرگر معروف و ثروتمند اردستان است.

چهار تا پنج ساعت مسافت را در دوازده ساعت پیمودن و سوار و پیاده شدن‌های ممتد، خستگی‌اش را دوچندان کرده بود. دستگیره را به زحمت چرخاند. شاگرد راننده صندلی‌اش را به او داد و برای خوابیدن به پشت صندلی بوفه در انتهای اتوبوس رفت.

اتوبوس چنان آرام و نرم در جاده می‌رفت که برزو احساس کرد اتوبوس حرکت   نمی‌کند. هنوز از این مسئله حظ کامل نبرده بود که راننده از کامیون جلویی‌اش سبقت گرفت. برزو با وحشت دسته‌ی صندلی را گرفت و در جای خود راست نشست. سعی کرد خودش را کنترل کند و ترسش را پس بزند. اما نتوانست. به طرف در رفت تا پیاده شود؛ به یاد آورد که پولی برایش نمانده است.

- Sir, do you want to get off ?

- No, sir!

He changed his mind and sat down on the chair again with his massive body. Borzoo, although he excelled in sports, was always discussed in the family with his shape body and broad chest. For this reason, he became increasingly immersed in himself every day until he completely lost his self confidence. He became isolated during his adolescence and youth, a time of great need for socializing with others.

When he had to be present in a group of people, Because of the abusive people found in every family and, the people how feel better about themselves by biting others like a scorpion, he was crumpling in himself. Little by little, he got used to being embarrassed before being ridiculed. Perhaps the only reason for his economic progress was his loneliness and interest in the delicate work of goldsmithing. Seeing the picture of mother and child in the frame, he thought: If I were more normal, I would have had a wife and children at the age of 48.

He looked at his plastered hand and said: If it were not for the accident, I would not have wasted half a day in the hospital. With that terrible accident, it is right to be careful. It is suitable to be afraid.

- Like you, the other passengers must not have reached their homes by now!

- I have nothing to do with the others. I came to be well. I did not come to die. If I were going to die, I would not have come there for a kidney operation; I would die there.

- You were a coward from the beginning!

During these conversations, the bus overtook again and turned left and right on the road between the two trailers. The truck drivers did not know which way to turn to avoid colliding. The bus driver had lost his balance. Everyone was nailed, especially Borzoo, sitting in the front seat.

- آقا می‌خوای پیاده شی؟

- نه آقا!

پشـیمان شـده بود. جثه‌ی تنومندش دوباره صـندلی را پر کرد. برزو با جثه‌ی خوش فرم و چهار شـانه اش گرچه در رشـته‌های ورزشـی خوش درخشـیده بود، اما در خانواده و فامیل همیشـه مورد بحث و ایراد بود. به همین دلیل هر روز بیش از پیش در خود فرو رفته بود تا اینکه اعتماد به نفسـش را کاملا از دسـت داد. در دوران نوجوانی و جوانی که دوران پر نیاز آمیزش با دیگران بود، منزوی و گوشه‌گیر شد.

وقتی مجبور می‌شـد در جمعی حضـور یابد، برای فرار از زبان افراد تلخ که در هر فامیل و جمعی پیدا می‌شـوند تا مثل کژدم از گزیدن غرور و احسـاس دیگران تخلیه شـوند و برای اینکه او را با همسـن و سالانش مقایسه نکنند: – وای چقدر شکسته شدی مگه چند سالته؟ چرا اینطوری شدی؟ – در خود مچاله می‌شـد. کم‌کم عادت کرد، قبل از اینکه او را مسـخره کنند، خجالت بکشـد. شـاید تنها همین عامل هم موجب پیشـرفت اقتصـادیش شد. با پناه بردن به تنهایی و پرداختن به ظریف‌کاری‌های طلاسازی بود که در نوع خود بی‌نظیر بود. با دیدن عکس مادر و فرزند درون قاب اندیشید:

- اگر وضعیت عادی‌تری داشتم، در چهل و هشت سالگی صاحب زن و فرزندی بودم .

به دست گچ‌گرفته‌اش نگاهی انداخت و با خود واگویه کرد:

- اگر تصادف نمی‌شد، نصف روزم تو بیمارستان هدر نمی‌رفت. با اون تصادف وحشتناک حق داشتم احتیاط کنم. حق دارم بترسم .

- یعنی چی؟ بقیه مسافرها هم مثل تو باید تا حالا به خونه‌هاشون نرسیده باشند!

- من با بقیه چه کار دارم. من اومده بودم، خوب بشـم. نیومده بودم که بمیرم. اگر قرار به مردن بود که برای عمل کلیه‌هام نمی‌اومدم؛ همونجا می‌مردم.

- اصلا تو از اولشم ترسو بودی!

در حال این گفتگوها با خود بود که دوباره اتوبوس با سبقتی که گرفت، در جاده میان دو تریلی شروع کرد به راست و چپ پیچیدن. راننده‌های تریلی نمی‌دانسـتند برای سرشاخ نشـدن به کدام سمت بپیچند. راننده اتوبوس تعادلش را از دست داده بود. همه از مشاهده این صحنه در جای خود میخکوب شده بودند. به خصوص برزو که در صندلی جلو نشسته بود.

The travelers were shouting, O Imam Hashtom! O, Imam Zaman! The oncoming trailer sped in a lightning semicircle, pulled to the left off-road, and returned to the main road. And continued his way. Everything returned to normal with the same speed. The Salawat of some passengers could still be heard. And in the meantime, the expert debate was started at the end of football.

The driver turned his gaze from the road to Borzoo, who was staring forward in complete silence.

- Hey, sir! Hey!

He grasped his arm, Borzoo bent to the right with all his weight. But his gaze was still fixed on the red horizon. Moments later, before the driver stops, as everyone shouted in astonishment, he fell down on the bus steps.

صدای «یا امام هشتم» و «یا امام زمان» از مسافرین شنیده می‌شد. تریلی روبرو با سرعت، نیم‌دایره‌ی برق‌آسایی زد و سمت چپ به جاده خاکی کشیده شد و مجددا به جاده‌ی اصلی برگشت و به راه خود ادامه داد. همه چیز با همان سرعت به حال عادی خود برگشت. صدای صلوات عده‌ای از مسافران هنوز شنیده می‌شد. و در آن میان بحث کارشناسی مانند پایان یک بازی فوتبال در گرفت.

راننده نگاهش را از جاده به طرف برزو که در سکوت کامل به جلو خیره شده بود برگرداند.

- هی آقا! هی!

بازویش را که گرفت. برزو با تمام سنگینی به سمت راست خم شد. اما نگاهش همچنان به افق خون‌رنگ خیره مانده بود. لحظاتی بعد، قبل از اینکه راننده توقف کامل کند، در میان فریاد حاکی از حیرت همه، به روی پله‌های ورودی اتوبوس در غلتید.

Behind the Shadows

در پس سایه‌ها

In 1932, the village of Hashtpar was looted and destitute, but the trees sprouted untimely, and varnish trees grew more carefree than ever. The greenery of the willow fields and trees caressed the eye, and the beautiful waterfalls that watered the Glinjan River broke the silence with a beautiful rhythm.

Six years had passed since the arrival and departure of the Russians. But the Cossacks' footprints were still on the thatched roofs, and the sound of their feet sometimes echoed in the ears of the villagers.

Bahar, Jamshid's beautiful bride, was waiting for her husband's arrival, who had spent only a honeymoon with him and, during these two years, was happy with the love letters that Jamshid used to send from Baku. This waiting was coming to an end with all its bitterness and hardship. She knew that with the arrival of Jamshid, all sadnesses would disappear like a morning fog with one visit.

She arranged the folds of the white and fringed lace curtain, which was decorated with exquisite embroidery, for the second time; a beautiful curtain was one of the honors of their few possessions. And it was a beautiful gift that Jamshid brought her from Baku. A gentle, cool wind blew through the window seam, creating a soft, beautiful wave on the curtain surface. Waves like Bahar beautiful, black, long, and messy hair. The hair that Jamshid admired and that Bahar is proud of like a unique asset.

سال ۱۳۱۱، دهکده‌ی هشتپر غارت‌زده و بی‌چیز شده بود، اما درخت‌ها نابهنگام جوانه زده بودند و عرعرها بی‌خیال‌تر از همیشه می‌روییدند. سرسبزی مزارع و درختان بید چشم را نوازش می‌داد و آبشارهای زیبایی که رودخانه‌ی گلینجان را پرآب می‌کردند، سکوت را با آهنگ زیبایی در هم می‌شکستند.

شش سال از آمدن و رفتن روس‌ها می‌گذشت. اما هنوز جای پای قزاق‌ها در کاهگل بام‌ها مانده بود و صدای پایشان گاهی در گوش خانه‌نشینان دهکده می‌پیچید.

بهار، عروس زیبا و به انتظار نشسته‌ی جمشید منتظر آمدن همسرش بود که فقط یک ماه عسل را با او گذرانده بود. در این دو سال به نامه‌های عاشقانه‌ای که جمشید از باکو می‌فرستاد، دلخوش بود. این انتظار با همه‌ی تلخی و سختی‌اش به پایان خود نزدیک شده بود، می‌دانست که با آمدن جمشید همه‌ی سختی‌های هجران مانند مه صبحگاهی با یک اشعه دیدار محو خواهد شد.

چین پرده‌ی توری سفید و حاشیه‌دار که با خامه‌دوزیهای بسیار شکیل تزیین شده بود را برای چندمین بار مرتب کرد؛ پرده‌ی زیبایی که از افتخارات دارایی اندکشان بود. و هدیه‌ی زیبایی بود که جمشید برایش از باکو آورده بود. باد ملایم و خنکی از درز پنجره می‌وزید و موجی نرم و زیبا در سطح آن ایجاد می‌شد؛ امواجی به زیبایی موهای سیاه، بلند، و پرچین و شکن بهار که مورد ستایش جمشید بود و مانند یک دارایی بی‌نظیر به آن می‌بالید.

She moved the vase with two red flowers and two winged angels on either side. She looked like a decorator at anything in the room. Although her sense of smell was zero, her ability to recognize and combine colors to cover that defect was enough. Of course, not always. She examined all colors and dimensions from different angles. Little by little, she became worried about her beautiful dress. Her uncle's daughter-in-law, Mahin, had promised to bring it to her immediately after the wedding. She liked to wear it today when Jamshid came.

A voice broke her line of thought. Her heart began to pound. It seems that it was the second time she wanted to face Jamshid. She could hardly ask: Who is it?

- It's me, Mahin!

- Oh! I thought it was Jamshid!

- Bahar saw a shadow next to Mahin.

- Is anyone with you?

- It's Karim.

Bahar frowned.

- Sorry! I told him he should not come; I know you would not like him; he did not listen.

Karim was Bahar's cousin. A tiny man with blue eyes and blond hair, an old-time love, and a stubborn lover. Bahar could not love him no matter how hard she tried, and her uncle and aunt's threats did not work at all.

- How was the wedding?

- Everything went well. I gained considerable prestige because of you. All the guests were speechless. This is the dress, clean and without any damage.

After Mahin left, Bahar felt a heavy and ominous shadow fill the house, a shadow like the scary breaths of a monster. She puts on the dress to get rid of this lousy thought and feeling. Sky blue silk dress embroidered with white flowers has a thin pearl-embellished net on the chest and skirt, but not so crowded and elegant that it cannot be worn as a beautiful indoor dress.

گلدانی را که گلبوته‌های سـرخ و دو فرشـته بالدار در دو طرف آن قرار داشت، بار دیگر جابه‌جا کرد. مانند یک دکوراتور به هر شـیئی که در اتاق بود نگاه می‌کرد. گرچه حس بویایی‌اش چندان قوی نبود اما توانایی‌اش در تشخیص و ترکیب رنگ در پوشاندن آن نقیصه کارساز بود. البته نه همیشه. همه‌ی رنگ‌ها و ابعاد را از زوایای مختلف بررسـی کرد. کم‌کم برای لباس زیبایش نگران شـد. مهین، عروس عمویش، قول داده بود بلافاصله بعد از عروسی آن را برایش بیاورد. دوست داشت امروز برای آمدن جمشید آن را بپوشد.

با صدایی رشته‌ی افکارش از هم گسست. قلبش به شدت شروع به تپیدن کرد. گویا برای دومین بار بود که می‌خواست با جمشید روبه‌رو شود. به سختی توانست بپرسد: کیه؟

- منم مهین!

- اوه! فکر کردم جمشیده!

بهار سایه‌ای را در کنار مهین دید. پرسید:

کسی همراته؟

- کریمه.

ابروهای بهار درهم رفت .

- ببخشـید! بهش گفتم نیاد. می‌دونسـتم تو از اون خوشـت نمی‌آد... گفتم نیا، گوش نکرد. کریم پسرعموی بهار بود. ریزنقش با چشم‌های آبی و موهای بور. یک عاشق قدیمی و سمج. بهار هر چه سعی کرد نتوانسته بود او را دوست داشته باشد و تهدیدهای عمو و زن عمویش نیز کاری از پیش نبرده بود.

-عروسی چطور بود؟

-خوب! متشکرم. آبرومو خریدی. همه هاج و واج مونده بودن. این هم لباس، تمیز و سالم .

بعد از رفتن مهین، بهار احسـاس کرد سـایه‌ای سـنگین و شـوم به خوفناکی نفس‌های یک هیولا بر فضای خانه بال گسترده است. برای اینکه این فکر و احساس بد را از خود دور کند، لباس را به تن کرد. حریری به رنگ آبی آسـمانی، ملیله‌دوزی‌شده با گل‌های سفید که تور نازک مروارید‌دوزی شده‌ایی سینه و دامنش را می‌پوشاند، اما نه چندان شلوغ و مجلسی که آن را نتواند به عنوان یک لباس زیبا داخل خانه بپوشد.

She stood in front of the mirror and looked at herself through Jamshid's eyes. A smile settled on her lips and wished Jamshid were here now. She turned to look at the door full of grief and regret when she saw Jamshid.

Jamshid, tall and rashid, with big and charming eyes, confused and startled, looked at him like a statue. His color was pale. Bahar had always thought to himself: How will Jamshid react to seeing him after such a long time? But he did not expect to be surprised like this. This was strange for him. Behar hesitated to hug him. But he couldn't bear it anymore and threw himself into Jamshid's arms. Jamshid made no attempt to hug her with his hand hanging on his body like a broken and dried branch. As if someone was behind the door. A shadow ran away. Jamshid's other hand was hidden behind his back. Bahar remembered that Jamshid had told her that he had bought a turquoise necklace for her. Turquoise was her favorite stone. She hung around his neck with childish mischief.

- What's wrong, darling? Do not you remember me? Did somebody steal souvenirs?

Jamshid raised his hand, and something flashed in his fist. Bahar shouted and fell silent. Jamshid laid Bahar gently on the ground. Her fiery, stunned eyes were bloodshot. Horrified and helpless with his shoulders down, he made his way to the Bahar's aunt's house, her only relative. Jamshid shared a feeling with Bahar, he was breathing hard. In addition to the weight of the spring, the earth pulls him down with its gravity. He could hardly walk; he didn't know what happened to him... Is he asleep or awake? Why is it here? What should he say?

A tall, middle-aged woman with a beige headband tied around her long scarf opened the door and looked at him in horror. Without asking or being able to ask anything, she slapped her head with both hands. When Jamshid closed the door, he could hear Bahar's aunt scream loudly and successively: "Oh my God".

The face of the black teenager was still in front of his eyes; he did not even ask who he was? But his voice was still ringing in his ears, although it is less now. The voice of a young man who had picked him up on the road and taken him to the village. Jamshid had asked: What news? How are people? Who is still here? Who is gone? What a beautiful horse you have!

مقابل آینه قرار گرفت؛ خود را از دید جمشید نگاه کرد. لبخند بر لبانش نشست و آرزو کرد کاش جمشید اینجا بود. سر برگرداند تا با انتظاری پر از گله و حسرت به در نگاه کند که جمشید را دید.

جمشید با قدی بلند و رشید، چشمانی درشت و جذاب و گیج و مبهوت، مانند مجسمه او را نگاه می‌کرد. رنگش پریده بود. بهار همیشه با خود اندیشیده بود: جمشید بعد از این مدت طولانی با دیدن او چه عکس‌العملی خواهد داشت. اما گمان نمی‌کرد اینگونه متعجب شود. این حال او برایش غریب بود. بهار برای در آغوش گرفتن او مردد ماند. اما بیش از این طاقت نیاورد و خود را به آغوش جمشید انداخت. جمشید با دستی که مانند شاخه‌های شکسته و خشک‌شده‌ای به تنه‌اش آویزان بود، هیچ تلاشی برای در آغوش گرفتن او نکرد. گویی کسی پشت در بود. سایه‌ای گریخت. دست دیگر جمشید پشتش پنهان بود. بهار به خاطر آورد که جمشید به او گفته بود یک گردنبند فیروزه برایش خریده است. فیروزه سنگ مورد علاقه بهار بود. با شیطنتی کودکانه به گردنش آویخت.

– چی شده عزیزم؟ منو یادت نمی‌یاد؟ نکنه سوغاتی‌ها رو دزد برده؟

دست جمشید بالا آمد، چیزی در مشتش برق زد. بهار فریاد بلندی کشید و خاموش شد. جمشید بهار را آرام بر زمین گذاشت. چشم‌های آتشین و بهت زده‌اش در خون نشسته بود. مبهوت و ناتوان با شانه‌های افتاده، خودش را به خانه‌ی خاله‌ی بهار، تنها خویش او رساند. جمشید حس مشترک با بهار داشت، به سختی نفس می‌کشید. علاوه بر سنگینی بهار زمین با جاذبه‌ی سختی او را به پایین می‌کشید. به سختی می‌توانست قدم بردارد نمی‌دانست چه بر سرش آمده است... خواب است یا بیدار؟ چرا اینجاست؟ چه باید بگوید؟

زن میانسال و بلند بالا، که سربند کرم رنگی بر روی روسری دور سرش بسته بود، در را باز کرد. با وحشت او را نگریست. بی‌آنکه چیزی بپرسد یا بتواند بپرسد، با دو دست بر سرش کوبید. جمشید با بسته شدن در، فریاد پی‌درپی و بلند 'یا خدا'ی خاله‌ی بهار را می‌شنید.

هنوز چهره‌ی نوجوان سیاه‌چرده در مقابل چشمش بود، حتی نپرسید فرزند کیست، اما صدایش هنوز در گوشش می‌پیچید؛ گرچه اکنون انرژی او رو به خاموشی می‌رفت. صدای جوانی که در جاده او را سوار کرده و به دهکده رسانده بود. جمشید پرسیده بود: چه خبر؟ مردم چطورن؟ کی مونده؟ کی رفته؟ چه اسب قشنگی داری!

- It's not mine. But it's going to be mine soon.

He caressed the horse's mane out of possession and continued. They say Mr. Jamshid wants to come back from Baku. Every day some reach, and some go. I would like to see Mr. Jamshid. While pretending not to know him, he asked: Isn't you Jamshid?

- Not. Why do you want to see him?

- First, shame on him, for he has left his beautiful wife alone. He's an idiot; he spends six months in a foreign country for work and brings the most expensive things for that woman...then...

Then what?

Women are ungrateful. You cannot trust them.

- Stop right here.

He was feeling weird. He could not ask more questions.

The young man's words were repeated in his brain.

- He left her wife alone for old and new love ...

When he wanted to enter the alley, Karim came out of the alley face to face with him. He greeted hastily and incomprehensibly and quickly left without any pause, but the pungent smell of his cologne penetrated his bone marrow. And he smelled the same smell of Bahar's dress.

Years later, after running long distances, two teenage girls stood beside the old cemetery to tighten their shoelaces. Zahra turned to her friend and said, scared: Mina, I saw a ghost here yesterday. When she saw that her friend was ignoring her words and looking for leftover food in her bag, she continued: he had a long beard and was also very much disheveled.

Oh, I understand; that's Jamshid Bahar's husband. Ever since he was released, he wandered around his wife's grave. At night, sometimes, the sound of his cries echoes in the village. Many people see him. My mother used to say: Karim, Bahar's cousin, has had his tongue-tied and paralyzed since he saw Jamshid. Then they both hurried away, frightened.

- مال من نیست. ولی قراره به زودی بشه .

دستی از سر تصاحب و تملک بر یال اسب کشید و ادامه داد. می‌گن جمشید خان می‌خواد از باکو بیاد. هر روز کسایی میان و کسایی هم می‌رن. دوست دارم جمشید خان رو ببینم. در حالی که خود را به نشناختن او می‌زد، پرسید: نکنه شمایید؟

- نه. چرا میخوای ببینیش؟

- اولا تف به غیرتش که زن به اون زیبایی رو گذاشته رفته. بعدشم احمقه شش‌ماه شش‌ماه تو کشور غریب جون می‌کنه تا خونه زندگی بسازه و گرونترین‌ها رو برای اون زن بیاره... انوقت...

- انوقت چی؟

- زن جماعت بی‌چشم و رو میشه. نمی‌شه بهشون اعتماد کرد.

- همینجا نگهدار.

حالش دگرگون بود. توانی برای پرس‌وجوی بیشتر از جوان نداشت. حرف‌های جوان در مغزش تکرار می‌شد.

- زنشو... عروسشو... گذاشته برای عشق قدیم و جدید...

وقتی خواست به درون کوچه بپیچد، کریم رو در رو با او از کوچه بیرون آمد. سلام عجولانه و نامفهومی‌کرد و بدون هیچ مکثی به سرعت دور شد؛ اما بوی تند ادکلنش تا مغز استخوان او نفوذ کرد. و بعد همان بو از لباس بهار... سال‌ها بعد، دو دختر نوجوان بعد از دویدن مسافت طولانی، نفس‌زنان در کنار گورستان قدیمی‌ایستادند تا بند کفششان را محکم کنند. زهرا رو به دوستش کرد و ترسان گفت:

- مینا من دیروز اینجا یه روح دیدم.

دوستش بی‌توجه به سخنان او، در کیفش به دنبال باقی مانده‌ی خوراکی مدرسه می‌گشت.

- ریش بلندی داشت، خیلی هم ژولی پولی بود.

- اوه فهمیدم، اون جمشید شوهر بهاره. از وقتی آزاد شده، هر کسی که شبا از کنار قبرستون رد بشه صدای گریه‌شو میشنوه. مامانم می‌گفت: کریم پسر عموی بهار از وقتی جمشید رو دیده زبونش بند اومده و پاهاش فلج شده. سپس هر دو با ترسی که از پس می‌دواندشان با سرعت از آنجا دور شدند.

***

Biography

Farangis Jalili, nicknamed Maral, started writing at the age of thirteen. Her father's storytelling and her mother's kindness provided an environment that allowed her to dream and write. She received a BA in Persian literature and an MA in AZFA (teaching Persian language to non-Persian speakers). In addition to journalism including research, reporting, writing, and editing in various newspapers and magazines, she has teaching experience in high school and university. *Portrait of Moments* and *Orange Hesitations* are her other works.

Email: *maral_pile@yahoo.com*

در باره‌ی نویسنده

فرنگیس جلیلی متخلص به مارال، از سیزده سالگی شروع به نوشتن کرد. قصه‌گویی‌های پدر و مهربانی‌های مادر مجال رویاپردازی و نوشتن را برای او فراهم کرد. در رشته‌ی ادبیات لیسانس و فوق لیسانس را در رشته‌ی آزفا (آموزش فارسی به غیر فارسی‌زبانان) اخذ کرد. علاوه بر کارهای مطبوعاتی از قبیل تحقیق، خبرنگاری، نویسندگی، سردبیری و ویرایش در روزنامه‌ها و مجلات مختلف، سمت دبیری در دبیرستان و تجربه‌ی تدریس در دانشگاه را هم در کارنامه‌ی خود دارد. *تصویر لحظه‌ها* و *تردیدهای نارنجی* از کارهای دیگر اوست.

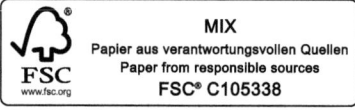

Printed by Books on Demand GmbH, Norderstedt / Germany